DELIUS KLASING

Peter Kurze

VW-Käfer

Es gibt Formen, die man nicht verbessern kann

Delius Klasing Verlag

Peter Kurze, geboren 1955 in Bremen, studierte Maschinenbau und Betriebswirtschaft. Als Autor und Verleger veröffentlichte er bereits zahlreiche Werke zu Themen der deutschen Industriegeschichte. Sein umfangreiches Fotoarchiv umfasst vor allem Material zu den Fahrzeugen der Nachkriegsjahrzehnte, denn diesen »bewegten Zeiten« gilt sein besonderes Interesse.

Außerdem sind von Peter Kurze im Delius Klasing Verlag erschienen:
Bewegte Zeiten Borgward Isabella
Bewegte Zeiten DKW-Meisterklasse
Bewegte Zeiten Trabant

Bibliografische Information Der Deutschen Bibliothek
Die Deutsche Bibliothek verzeichnet diese Publikation in der Deutschen Nationalbibliografie; detaillierte bibliografische Daten sind im Internet über »http://dnb.ddb.de« abrufbar.

2. Auflage
ISBN 3-7688-1477-7

Texte: Rudi Heppe, Peter Kurze
Einbandgestaltung und Layout: Gabriele Engel
Druck: Kunst- und Werbedruck, Bad Oeynhausen
Printed in Germany 2005

Delius Klasing Verlag, Siekerwall 21, D - 33602 Bielefeld
Tel.: 0521/559-0, Fax: 0521/559-115
e-mail: info@delius-klasing.de
www.delius-klasing.de

Vorwort

Der Zweite Weltkrieg war beendet und Deutschland atmete auf: endlich keine Bombennächte mehr! Ansonsten aber gab es vorerst wenig Grund, optimistisch in die Zukunft zu blicken. 25 Millionen Flüchtlinge irrten durch das in Besatzungszonen aufgeteilte Land. Städte und Fabriken waren zerstört, Gas-, Wasser-, Telefon- und Stromleitungen defekt und es gab kaum Transportkapazitäten, um die wenigen Güter zu verteilen.
In der »Stadt des KdF-Wagens« (ab Mai 1945 Wolfsburg), wo das halbfertige Volkswagenwerk Kübel- und Schwimmwagen gebaut hatte, drohte die Demontage der letzten Produktionsanlagen. Doch ein britischer Besatzungsoffizier ordnete die Wiederaufnahme der Fertigung an. Unter kaum vorstellbaren Schwierigkeiten wurden die ersten Nachkriegsfahrzeuge zusammengeschraubt. Ein kleiner Silberstreif am Horizont.
Die deutsche Bevölkerung wollte die dunklen Jahre möglichst schnell hinter sich lassen und konzentrierte sich auf den Wiederaufbau und die Wirtschaft. Gerade vor dem Hintergrund des niedrigen Einkommens, der Wohnungsnot und der schlechten sozialen Absicherung erschienen die kleinen Aufbauerfolge als Wunder. Noch 1955 hatte kaum ein Arbeiter einen Wagen. Die 350 000 auf Nichtselbstständige zugelassenen Autos teilten sich leitende Angestellte und höhere Beamte.
Doch solche sozialen Unterschiede erschienen wenig dramatisch. Zu den einen kam das Wirtschaftswunder eben schneller, zu anderen langsamer. Aber dass es zu allen kommen würde, davon war man überzeugt.
Um an diese Jahre zu erinnern, erzählt das vorliegende Buch die Geschichte eines Handelsvertreters, den es so nie gab, den es aber hätte geben können. Er nimmt in typischer Weise teil am Aufbau der Bundesrepublik. Begleiten Sie ihn auf seiner vom »Käfer« geprägten automobilistischen Karriere.

Peter Kurze

Ein Leben mit dem Käfer

Die Soester Börde gilt als die Kornkammer Westfalens. Dort erlebte ich eine unbeschwerte Jugend in einer unseligen Zeit auf dem Bauernhof meiner Eltern. Neben der Tierhaltung gab es reichlich Arbeit beim Anbau von Gemüse. Durch die zunehmende Mechanisierung der Landwirtschaft wurde bei mir recht früh das Interesse für Technik geweckt. Der KdF-Wagen (der spätere Käfer) begeisterte mich im Alter von 10 Jahren. Mein Vater aber wollte sich das »Auto für alle« nicht kaufen, obwohl der Erwerb von der Regierung mit einem Sparsystem gefördert wurde. Er misstraute schon zu diesem Zeitpunkt den braunen Machthabern. Anders mein Onkel aus Köln. Als Arbeiter kam er in die Vergünstigung des Sparsystems. Eifrig

Vorläufer des Käfers ist die Ferdinand-Porsche-Konstruktion Typ 32, die bei NSU gebaut wurde.

Vor der Villa Porsche (Stuttgart Killesberg) stehen ein VW 30 (links) und ein VW 3 (Aufnahme von 1937).

VW3, Prototyp der Serie.

Erste Erprobungsfahrten der Versuchsserie VW 30. Testfahrt auf dem Großglockner.

bemühte er sich, die Sparkarte mit den Marken zu füllen. Mit dem Ausbruch des Krieges aber zerplatzte der Wunschtraum vom eigenen »KdF-Wagen«.

Auch bei uns zu Hause wurde das Leben schlagartig anders. Das Militär berief zwei meiner Brüder zum Kriegsdienst ein, und wir mussten in den Folgejahren unseren Hof ohne sie bewirtschaften.

Im Mai 1945 war Deutschland am Ende, der Krieg verloren. Meine beiden Brüder hatten überlebt, befanden sich aber in der Kriegsgefangenschaft.

VW 30 (oben) und das Fahrgestell des KdF-Wagens (unten).

Platz für die ganze Familie.

Ich träumte von einer Berufsausbildung, musste aber unfreiwillig mein Wissen über Ackerbau und Viehzucht erweitern.

Endlich, zwei Wochen vor der Währungsreform (Juni 1948) kamen meine Brüder nach Hause. In Westfalen ist es üblich, dass der älteste Sohn den Hof übernimmt. Als jüngster Spross der Familie musste ich mir eine eigene Existenz aufbauen.

Für eine Schul- oder Berufsausbildung war ich mittlerweile zu alt. In einem landwirtschaftlichen Fachblatt fiel mir eine Anzeige auf: »Vertreter für Bestecke gesucht.«

Der ideale Beruf: Ich war kontaktfreudig, reiste gerne und gegen gute Verdienstmöglichkeiten hatte ich auch nichts einzuwenden. Eifrig erstellte

ich ein Bewerbungsschreiben und schon zwei Wochen später fuhr ich mit einem geliehenen Motorrad zur Vorstellung. Der Senior-Chef der Besteckfabrik war mir auf Anhieb sympathisch. Schnell waren die Rahmenbedingungen festgelegt und der Arbeitsvertrag unterschrieben.

Für mich gab es neben dem Verdienst noch eine weitere Überraschung: einen Firmen-Pkw. Mein neuer Arbeitgeber vertrat die Auffassung, dass man ein hochwertiges Produkt nur in einem »vernünftigen Rahmen« verkaufen könnte. Hierzu zählte u.a. »ein ansehnlicher Wagen«. Ihm selbst

Drei Vorserienmodelle am Tag der Grundsteinlegung des Volkswagenwerkes im Mai 1938.

1946: ein neuer Anfang mit dem Typ 11.

Unter der Regie der britischen Besatzungsarmee baute man 1945 aus Kübel- und Schwimmwagen-Fahrgestellen und im Werk gepressten Karosserieblechen knapp 1800 Pkw.

fehle das Verständnis für die Kfz-Technik, und so oblag es mir, einen Pkw nach seinen Vorstellungen auszusuchen. Welche Fabrikate kamen in Frage? Etliche Prospekte und Testberichte, soweit diese zu bekommen waren, wurden gesichtet. Bei Ford, Opel, BMW und Borgward waren mir die Wagen zu groß oder im Aussehen zu amerikanisch.

Ausgestattet mit einem Musterkoffer ging die erste eigenständige Verkaufstour per Bahn nach Hamburg, gut versorgt mit einem Reisebudget. Der Verkauf im Außenbereich war erfolgreich, aber auch mühselig. Nach dem Ende der Verkaufstour kam ich an einem Volkswagen-Autohaus in der Nähe des Hauptbahnhofes vorbei. Gut ausgeleuchtet erkannte ich sofort drei Limousinen und ein Cabriolet.

Serienfertigung in Wolfsburg (unten) und der Hamburger Händler (links).

Fahrschule für Groß und Klein. Fahren kann so einfach sein.

Der offene VW kam nicht in Frage: zu jugendlich für meine Tätigkeit. Aber die Limousine musste das Richtige sein. Nicht zu protzig, aber zuverlässig. Doch wie war das mit der Technik? Wie stark war der Motor? Konnten mit dem VW auch längere Strecken gefahren werden? Gab es genügend Werkstätten und Ersatzteile für dieses Auto, falls ich unterwegs einmal liegen bleiben sollte? Fragen über Fragen taten sich in dieser Nacht auf. Hatte nicht mein Onkel damals auf einen solchen Wagen gespart und war fürchterlich hereingefallen? Am nächsten Morgen besuchte ich das Autohaus, um mir Informationen über den Volkswagen einzuholen. Ein freundlicher Verkäufer erklärte mir die Vorzüge: luftgekühlter Boxer-Motor, 25 PS

Im November 1946 erhielt die Osnabrücker Karosseriefirma Wilhelm Karmann eine Käfer-Limousine, die sie zum Cabriolet umbaute. Der offene Wagen fand sofort Gefallen, und Karmann fertigte für das Volkswagenwerk von Serienanlauf im Juni 1949 bis zum Produktionsende im Januar 1980 über 330.000 Käfer-Cabrios.

DIE ZEITSCHRIFT FÜR DEN VOLKSWAGENFAHRER
1
OKTOBER 1950 · PREIS DM -.50
GUTE FAHRT

DIE NEUEN VOLKSWAGEN-MODELLE

SCHÖNER, BESSER UND BILLIGER

Am 1. Juli hat das Volkswagen-Werk den Preis des Standard-Modells von 5300 DM auf 4800 DM gesenkt und gleichzeitig die Löhne und Gehälter der über 9000 Arbeiter und Angestellten erhöht. Das Exportmodell kostete bisher 5300 DM und mit Sonderausstattung 5625 DM. Von jetzt ab wird es in einer wesentlich teureren und gediegeneren Ausführung für 5450 DM geliefert. Fahrgestelle zum Aufbau von Kabrioletts werden vom Werk nur an die Karosseriefabriken von Hebmüller (zweifenstriges Kabrio) und Karmann (vierfenstriges Kabrio) abgegeben. Eine Lieferung von VW-Motoren zum serienmäßigen Einbau in andere Fahrzeuge (auf der Technischen Messe in Hannover wurde von einer Hamburger Firma erstmalig ein Lieferwagen mit Vorderradantrieb und Volkswagenmotor gezeigt. Die Red.) lehnt das Werk grundsätzlich ab.

Die Preissenkung, von der ja schon lange gemunkelt wurde, übertrifft in ihrer Höhe von fast 10 Prozent die allgemeinen Erwartungen. Dabei ist bemerkenswert, daß diese Maßnahme nicht unterm Druck der Verhältnisse erfolgt, sondern bei einem Auftragsbestand von rund 60000 Wagen, mit dem also noch fast eine Jahresproduktion zum bisherigen Preis gesichert wäre. Der Schritt des Volkswagenwerkes ist bei seinem Anteil von über 50% an den deutschen Pkw-Zulassungen und von 56% des deutschen Pkw-Exportes vom volkswirtschaftlichen Standpunkt aus eine beispielhafte Tat, deren Auswirkungen auf die übrige Kraftfahrzeug-Industrie, aber auch andere Industriezweige wohl nicht ausbleiben kann. Andererseits beweist dieser Nachlaß von 500 DM für die Standard-Limousine, daß offenbar alle derzeitigen Kraftfahrzeugpreise auf einer sehr vagen Kalkulation, wenn nicht gar Spekulation beruhen, wobei bisher das Mißverhältnis zwischen Angebot und Nachfrage ausgenützt wurde, um die zerstörten Betriebe wieder aufzubauen und die Produktion finanziell zu untermauern. Das ist vom kaufmännischen Standpunkt aus verständlich und war wohl unter den gegebenen Verhältnissen vielfach gar nicht anders möglich. Aber nun ist es doch allmählich an der Zeit, auch an die wirtschaftliche Lage der Käufer zu denken und sie entsprechend zu berücksichtigen. Dazu ist bemerkenswert, daß vor allem in der letzten Zeit die Nachfrage nach den luxuriösen Exportmodellen diejenige für die Normalausführung erheblich übertrifft, obwohl man bisher für eine „Portion" Verchromung und sonstige, das Auge erfreuende Dinge, die keineswegs notwendig sind, einen unverhältnismäßig hohen Mehrpreis aufwenden mußte. Somit wird offenbar, daß in gewissen Kreisen immer noch genügend Geld vorhanden ist, um Luxusbedürfnisse zu befriedigen, was man ja auch auf anderen Gebieten z. B. bei Schuhen, Lederwaren usw. beobachten kann. Dies gegenüber den „Preismeckerern" zu konstatieren, fordert die Gerechtigkeit, denn das Bestreben der Kraftfahrzeugindustrie und ihrer Zulieferanten (die sich beim Volkswagen-Werk auf etwa 800 belaufen und deren Anstrengungen die Preisherabsetzung nicht zum geringen Teil ermöglichten) verdient bei steigenden Löhnen, Materialkosten, Steuern, sozialen Lasten und und vielen anderen auf die Herstellungskosten drückenden Faktoren, die sich alle auf das komplizierte Endprodukt auswirken, schon ein Wort der Anerkennung. Sind dies doch die ersten Anzeichen einer gewissen Gesundung der Verhältnisse und Umkehr.

In technischer und fabrikatorischer Beziehung ist die geniale Konstruktion des Volkswagens von Dr. Porsche keineswegs primitiv oder auch nur einfach, sondern eher das Gegenteil. Der Volkswagen kann deshalb niemals ein ausgesprochener billiger Wagen sein. Seinen Preis darf man nicht nach Kilogramm berechnen. Daß es auch bei einer so ausgereiften und weitgehend erprobten Konstruktion technisch immer noch Verbesserungsmöglichkeiten gibt, ist verständlich. In der Gesamtkonzeption ist der fein ausgeklügelte Wurf von Dr. Porsche, der auf reichen Erfahrungen und genialen schöpferischen Ideen, aber auch sehr geschickten Kombinationen beruht, selbstverständlich unverändert geblieben. Die technischen Vervollkommnungen der neuen Modelle bestehen im wesentlichen auf der Verwendung jetzt wieder erhältlicher, geeigneterer Materialien. Erhöhung der Präzision und Verschärfung der Kontrollen bei der Fertigung. Dadurch werden Zuverlässigkeit, Haltbarkeit, Sicherheit und Fahrkomfort bei gleicher Leistung gesteigert. Eine wesentliche Verbesserung des praktischen, schlichten Standardmodells sind zweifellos der bessere Korossionsschutz des Fahrgestells und vor allem die widerstandsfähige Hochglanzlackierung in Schwarz und einem wärmeren Grau. Die Stoßstangen wurden verstärkt und die vordere Haube kann jetzt vom Führersitz aus entriegelt und verschlossen werden.

Beim Exportmodell sind diese Vorteile ebenfalls vorhanden. Darüber hinaus hat man aber auch viel fürs Auge getan: Stoßstangen, Radkappen, alle Griffe innen und außen, ja sogar die Scheibenwischer mit verbesserter Gummileiste, sind jetzt ausgezeichnet verchromt. Eine Zierleiste auf der Haube und Chromleisten an den Seiten geben den schmukken Wagen in Hellbraun, Resedagrün und Bordeauxrot (außer den bisherigen schwarzen, dunkelblauen und grauen Farben) ein nicht überladenes, geschmackvolles und formschönes Aussehen. Praktisch ist die Chromleistenkante am Trittbrett, die das Einreißen des Gummibelages verhindert. Hübsch ist es auch, daß die Hupe jetzt nicht mehr unorganisch auf dem Stoßstangenhalter befestigt ist, sondern im Kotflügel sitzt und durch einen Chromdeckel verkleidet wird.

Noch größer sind die Veränderungen im Innern der Karosserie, das zur Geräuschdämpfung jetzt fast ganz mit Stoff ausgekleidet ist und auf den Gummimatten noch Velourteppiche erhält. Das Instrumentenbrett und die Handschuhkästen, die leider noch ohne Verschlußdeckel sind, werden mit Chromleisten eingefaßt, was bei letzteren recht praktisch ist. Alle Bedienungsknöpfe und das moderne, bequeme Zweispeichen-Lenkrad sind jetzt weiß. Mit dem größeren Rückspiegel ist eine Sonnenblende kombiniert. Als Pendant zum Tachometer mit geschmackvollerem, blendfrei beleuchtetem Zifferblatt (leider ohne die bisherige Gängemarkierung) ist eine passende Zeituhr mit leuchtendem Zifferblatt und Leuchtzeigern eingebaut. Eine ganz wesentliche Verbesserung hat die Polsterung erfahren. Sie ist der Körperform gut angepaßt, enthält eine anschmiegsame Gummihaareinlage mit einer Auflage geleimter Tafelwatte, was einen sehr angenehmen und haltbaren Sitz ergibt, der bei langen Fahrten vor Ermüdung schützt. Die Stoffe sind schön und gut; alle Kanten sind mit Kunstleder eingefaßt. Ebenso haben die

Tuchverkleidungen der Türen unten zum Schutz breite Kunstlederstreifen. Sehr angenehm ist es, daß die Vordersitze jetzt durch Betätigung eines kleinen Hebels während der Fahrt verstellbar sind. An den Türen befinden sich kleine Armstützen und auf der hinteren Sitzbank liegen zwei lose Stützrollen, die bei voller Wagenbesetzung im Gepäckraum verstaut werden können.

Es wäre erfreulich, wenn auch beim Standardmodell unter bewußtem Verzicht auf alles Überflüssige die Vordersitze ebenfalls leichter verstellbar wären, an den Türen innen unten ein Schutz und an der Trittbrettkante eine Metall-Leiste angebracht werden könnten.

Wir hatten bestimmt erwartet, daß bei den neuen Modellen überall ein Lenkungsschloß gegen Diebstahl serienmäßig eingebaut sein würde, denn das ist bei den vielen Autodiebstählen — zumindest in Deutschland — eine absolute Notwendigkeit. Statt dessen könnte man eher auf die Uhr verzichten, denn jeder VW-Besitzer hat ja heutzutage wohl eine Armbanduhr bei sich. Viele werden es auch bedauern, daß die Motorhaube nicht mehr verschließbar ist. Ebenso ist nicht verständlich, weshalb die Kühlluft-Regulierklappe neuerdings fortgelassen wird, denn es besteht wohl kein Zweifel darüber, daß gerade der luftgekühlte VW-Motor von Laien häufiger nicht mit der nötigen Betriebstemperatur gefahren wird. Das hat bei Verwendung des derzeitigen schlechten Kraftstoffes mit langen Siedeschwänzen zwangsläufig eine Ölverdünnung zur Folge, die sich auf die Lebensdauer der Maschine nachteilig auswirken muß und neben der Leistung auch den Verbrauch ungünstig beeinflußt. Manche haben auch auf den serienmäßigen Einbau hydraulischer Bremsen und eine teilweise Synchronisierung der Getriebegänge gehofft, denn der Volkswagen muß ja zügig gefahren und wegen seines Schnellgangs häufig geschaltet werden. Die Synchronisierung oder gar Automatisierung der Schaltung wäre beim Volkswagen zweifellos ein Riesenfortschritt, der sich aber leider vorerst noch aus vielen Gründen nicht verwirklichen läßt, obwohl damit der Volkswagen auf Jahre hinaus eine führende Stellung in der ganzen Welt einnehmen würde. Die jetzige mechanische Bremse hingegen ist selbst bei der flotten Fahrweise, die der Volkswagen durch seine vorzügliche Straßenlage gestattet, bei richtiger Pflege und Einstellung völlig ausreichend und zuverlässig.

Ich habe mit Generaldirektor Nordhoff, dem Chefkonstrukteur und dem Verkaufsleiter des Volkswagen-Werkes eingehend gesprochen und mich davon überzeugt, daß man die Wünsche der Kunden und Händler genau kennt, sorgfältig prüft und registriert und ehrlich bestrebt ist, das Beste zu leisten, daß unentwegt gearbeitet wird und alle Neuerungen eifrigst erprobt werden. Aber auch in Wolfsburg wird nur mit Wasser gekocht und kann nicht gezaubert werden! Die nun endlich wieder in Gang gekommene Serienproduktion schafft je Arbeitstag rund 130 Wagen und der Ausstoß soll noch weiter gesteigert werden.

Generaldirektor Nordhoff wies darauf hin, daß der Personenkraftwagen für den Wiederaufbau der deutschen Wirtschaft ebenso dringend gebraucht wird wie Telefon und Schreibmaschine und daß wir uns deshalb die automobilfeindliche Einstellung, wie sie selbst bei höchsten Verwaltungsstellen zu Tage tritt, einfach nicht leisten können. „Eine Wirtschaft, die sich ihrer technischen Hilfsmittel nicht völlig uneingeschränkt bedienen kann, ist nicht konkurrenzfähig und wird nicht die Kraft haben, sich jemals aus der Misere zu lösen, in die uns der verlorene Krieg und die Verantwortungslosigkeit der Regierung, die ihn begann, gestürzt hat. Bessere soziale Verhältnisse setzen bessere Leistungen voraus — und dazu braucht man vor allem Automobile!

Es besteht kein Zweifel, daß der Volkswagen auch heute, viele Jahre nach seiner ersten Formung entwicklungstechnisch noch immer weit an der Spitze steht. Eine solche technische Kostbarkeit soll man nicht unter einem allzu kargen Gewand verbergen, ganz besonders dann nicht, wenn wir sehen, daß das New Look vieler großer Marken ein Fahrgestell deckt, vor dessen ehrwürdigem Alter man den Hut ziehen müßte. Das führte dazu, eine neues Exportmodell des Volkswagens zu schaffen, das mit der in aller Welt anerkannten technischen Überlegenheit eine Kultur der Ausstattung verbindet, die diesem Wagen im In- und Ausland ganz neue Käuferkreise erschließen wird."

Soweit die Äußerungen von Generaldirektor Nordhoff, die beweisen, in welchem Geist dort gearbeitet wird. Hier sind Männer am Werk, die eine große volkswirtschaftliche Verantwortung und Verpflichtung bewußt auf sich nehmen und demzufolge auch bestrebt sind, immer noch besser zu produzieren und billiger zu liefern. Der Beweis hierfür ist durch die jetzige Preissenkung trotz wesentlicher Verbesserungen, aber auch durch den intensiven Ausbau des so wichtigen und bereits mustergültig funktionierenden Kundendienstes erbracht.

F. A. E. Martin

Auf der gegenüberliegenden Seite: Der Volkswagen in der neuen Exportausführung für 5450 D-Mark wird in Schwarz, Dunkelblau, einem schönen Grau, einem hellen Braun, in Pastellgrün oder einem warmen Bordeauxrot friedensmäßig hochglanzlackiert. Die Stoßstangen und ihre Hörner sind verstärkt und ebenso wie die Radkappen, die Trittbrett- und Zierleisten, die Griffe und Scheinwerfer-Ringe sowie die Scheibenwischer sauber und haltbar verchromt. Das Signalhorn ist eingebaut und vor Verschmutzen und Steinschlag geschützt. Die Linienführung ist durch die wenigen, dezenten Chromleisten sehr vornehm und gediegen.

Bild oben rechts: Beachten Sie das neue weiße Zweispeichen-Lenkrad, die rechts vom Tachometer eingebaute Zeituhr, die dem Körper angepaßte, bequeme Polsterung der während der Fahrt verschiebbaren Sitze. Alle Griffe und Hebel sind weiß. An der Türe befinden sich Armstützen, die gleichzeitig zum bequemen Schließen der Türen dienen.

Bild unten links: Die ganze Karosserie ist jetzt innen mit Tuch ausgeschlagen und auf dem Boden liegen über den Gummimatten Velourteppiche. Hier ist die mit Kunstleder eingefaßte neuartige, solide und wesentlich bequemere Polsterung mit gutem Stoff deutlich zu erkennen. Die beiden Rollen dienen als Armlehnen. Das Aufstehen wird durch Schlaufen erleichtert, die gleichzeitig Kleiderhaken zum Aufhängen von Mänteln aufweisen. Die Tuchbespannung der Tür mit Absteppung weist unten zum Schutz gegen Berührung mit den Schuhen einen abwaschbaren Kunstlederstreifen auf.

Werkfotos: Dr. Wolff & Tritschler

VW-Chef Heinrich Nordhoff präsentiert am 4. März 1950 den 100.000. Käfer.

Wintersport mit dem Käfer-Cabrio von Karmann, Osnabrück.

Die Produktion läuft auf Hochtouren (Karosserieband und Nacharbeiten am Brezelfenster).

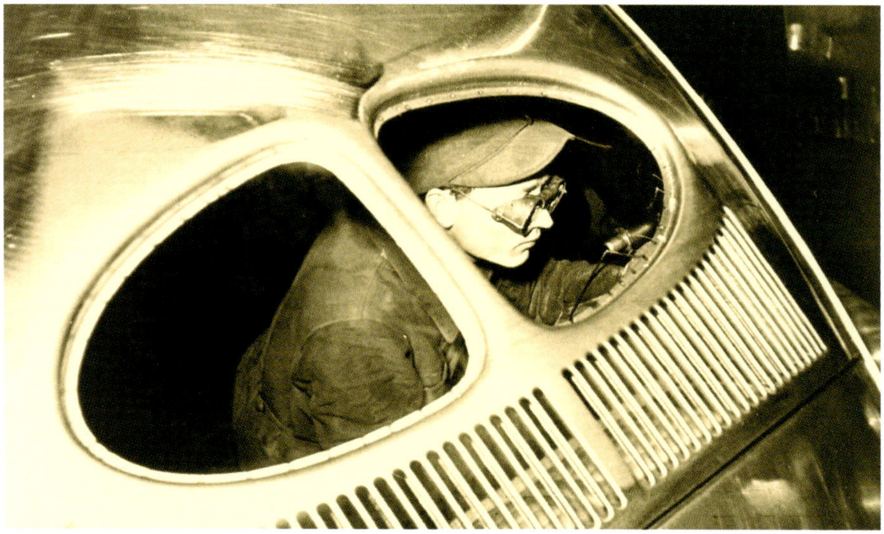

1950: der VW auf dem Weg zum Kunden.

Dauerleistung, geeignet für lange Autobahnfahrten, robuste Technik, Platz für eine ganze Familie, ausreichend Kofferraum, unter der vorderen Haube und hinter der Rückbank. Er gab mir Prospekte mit, die für mich abends im Hotel eine spannende Lektüre waren.

Erstes Picknick mit dem neuen Wagen.

Dank Heckantrieb und durch den Motor belastete Hinterachse war der VW im Winter unschlagbar.

Auf der Heimreise ließ mich der Gedanke nicht los, schon bald einen eigenen vierräderigen Untersatz zu haben. Zwei Probleme gab es, die noch bewältigt werden mussten: erstens den Chef überzeugen und zweitens einen Führerschein der Klasse 3 machen.

Der Chef machte sofort mit und wollte mir den Wagen sogar finanzieren. Die Fahrschule, die ich aussuchte, hatte als Schulungswagen einen Käfer.

Das Cabrio für den sportlichen Fahrer – die Limousine für die Familie. Ein Ausflug nach Wilhelmshaven (links oben) und nach Bremen (Marktplatz mit Rathaus und Roland-Säule).

Zur Sicherheit
DUNLOP
Volkswagen-
Fahrer
vertrauen auf
DUNLOP
REIFEN AUS HANAU SIND GUTE REIFEN

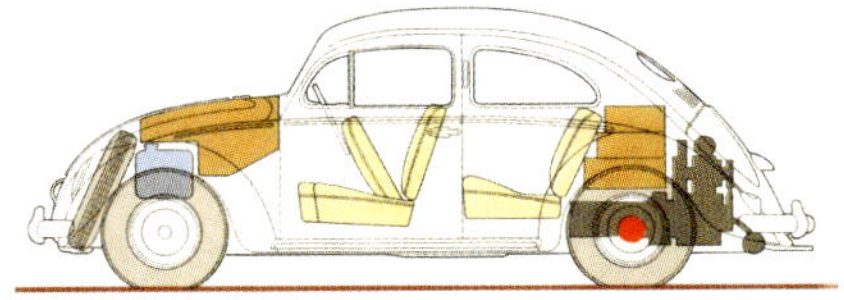

Im Winter war der Käfer ein idealer Begleiter. Während die meisten Wagen verschneite Bergstraßen nicht befahren konnten, meisterte das Krabbeltier die schwierigsten Strecken. Die Belastung der Hinterachse (Antriebsachse) durch den Heckmotor sorgte für optimale Traktion, die noch heute von Autos mit Front- oder Heckantrieb (Motor vorn eingebaut) nicht erreicht wird. In extremen Fällen zog der Fahrer Schneeketten auf (links oben).

N35-4029

Sie blieben auch dem Käfer-Fahrer nicht erspart: Unfälle! Doch lagen die Reparaturkosten bei vergleichbaren Fällen weit unter denen anderer Fabrikate. Bei Borgward oder Mercedes waren beispielsweise die Heckkotflügel mit dem selbsttragenden Aufbau verschweißt, ein Auswechseln dieser Teile war daher zeitaufwändig und teuer.

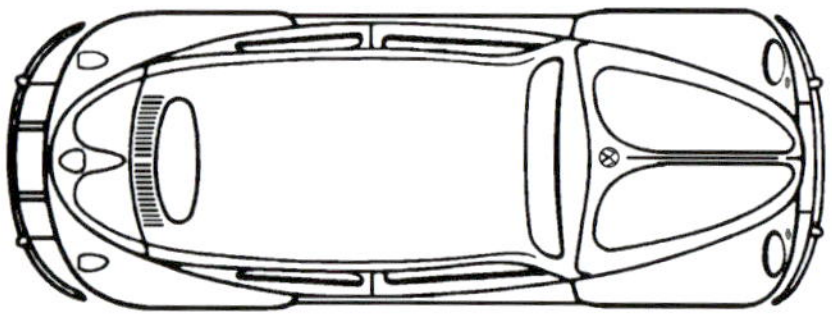

Aufgrund der schlechten Versorgungslage musste ich Sprit für die Fahrstunden (ich brauchte vier!) mitbringen. Der theoretische Unterricht fand beim Fahrlehrer im Wohnzimmer statt (ein alter Ofen heizte den Raum, die Holzscheiten stammten ebenfalls von den Fahrschülern). Die Fahrprüfung war ein Witz. Beim Rückwärts-Einparken hielt ich mit einem Abstand von einem Meter vom Kantstein an. Ich durfte nun so oft versuchen, bis es passte. Der Prüfer meinte nur: »Bestanden.«

Nach nur drei Wochen war ich im Besitz der begehrten »Fahrkarte«.

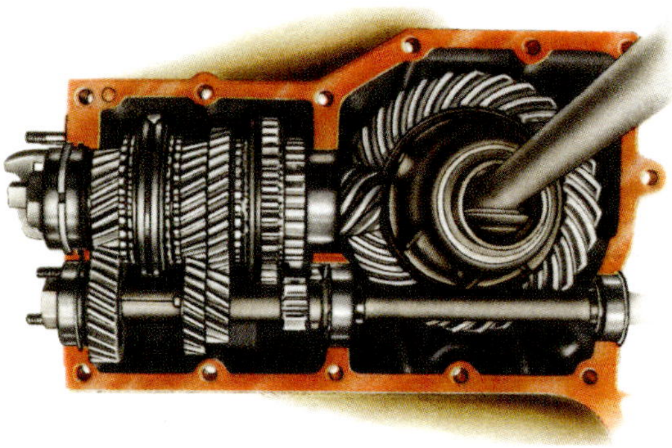

Der Kaufvertrag für den neuen Volkswagen war der nächste Schritt. Schon nach zwei Tagen konnte ich den VW in Empfang nehmen. Die Freude über das erste Auto war riesig. Endlich frei und ungebunden! Da ich nun nicht mehr von der Bahn und den Linienbussen abhängig war, konnte ich meinen Außendienst frei einteilen, was dem Umsatz zugute kam. Im Gegensatz zu den unzähligen Motorrädern bot mein Auto auch noch Wetterschutz und Komfort. Und im Gegensatz zu vielen Neuerscheinungen an »überdachten Zündkerzen«, wie die Kleinwagen spöttisch genannt wurden, war mein VW schon ein richtiges Auto.

Am freien Sonntag kam die erste Ausfahrt mit der Familie. Picknick im Freien war angesagt. Auf der Rückfahrt baute ich meinen ersten Unfall. Gott sei Dank ohne Personenschaden. Die VW-Werkstatt konnte den Schaden schnell beseitigen.

Die Liebe zur Landwirtschaft hatte ihre Spuren bei mir hinterlassen. Nachdem Norddeutschland – meiner Meinung nach – ausreichend mit Besteckgarnituren versorgt war, bot mir ein Schlepperunternehmen aus dem Allgäu eine Regionalvertretung an. Neben dem Verkauf von Schleppern wurde auch mit Ersatz- und Zubehörteilen für Schlepper gehandelt. Auch mein neuer Arbeitgeber setzte auf den zuverlässigen Volkswagen. Einzi-

TELE FUN KEN
TELEFUNKEN AUTO-RADIO-DIENST
L M M M K
TELE FUN KEN
mit froher Musik und Unterhaltung durch Ihren
TELEFUNKEN-AUTOSUPER
GENANNT DER ZUVERLÄSSIGE
WER QUALITÄT UND SICHERHEIT SUCHT, FINDET ZU TELEFUNKEN

ger Schwachpunkt war die Beladung. Doch für den VW gab es auch hier das passende Zubehör. In der Woche wurde die Ladefläche »Herkules« genutzt, und am Wochenende ging es mit wieder eingebauter Rücksitzbank und Familie auf Erkundungstour.

Ein neues Hobby wurde entdeckt. Autoclubs boten Sportveranstaltungen mit dem eigenen Pkw an. Mit wenigen Handgriffen konnte das Alltagsauto am Wochenende im Sportdress erscheinen. Zusatzscheinwerfer und eine leistungsfähigere Auspuffanlage waren ein kleiner Teil aus dem reichhaltigen Zubehörprogramm, das angeboten wurde.

Mit der Zeitschrift »Gute Fahrt« etablierte sich zudem ein Blatt, das die Bedürfnisse von uns Käfer-Fahrern abdeckte. Neben Berichten zu Änderungen am Volkswagen gab es darin auch wichtige Tipps und Tests.

6. August 1955, der 1.000.000. Käfer rollt vom Band.

Eine Stütze des Erfolges – der VW-Kundendienst.

Das Ritual zum Wochenende: Ladefläche ausbauen, das Äußere des Käfers auf Renntrimm gestalten und dem Motor noch etwas mehr an Leistung abfordern, um am Sonntag einen der begehrten Pokale zu holen.

Bewegend war der von unserem Händler organisierte Besuch einer Internationalen Automobilausstellung. Hier zeigte ein aufwändig gestalteter Messestand, dass Luft nicht gefrieren kann. Beeindruckt von dieser Präsentation entstand der Gedanke einer Werksbesichtigung in Wolfsburg.

Ob im Sommer an den Comer See oder im Winter zum Skilaufen in das Salzburger Land, die Deutschen hatten durch den Krieg bedingt ein großes Reise-Nachholbedürfnis. Und das Auto versprach eine bis dato nicht gekannte Freiheit und die Erfüllung der Reiselust. Es war keine Seltenheit, mit fünf Personen und reichlich Gepäck beladene, tief in den Federn hängende Personenwagen die Alpenpässe hochkraxeln zu sehen. Dank Luftkühlung gelang auch das dem Käfer besser als vielen anderen Fahrzeugen.

V 1.984

Auch diesem Wunsch kam der VW-Händler gerne nach. Die beeindruckende Erfahrung von den Ausmaßen des Werkes und dem Ablauf an der Fertigungsstraße blieb den Teilnehmern noch einige Zeit in Erinnerung. Der Volkswagen bewies auch Zuverlässigkeit: Für eine Fahrleistung von 100.000 Kilometern mit dem Käfer und dem immer noch ersten Motor erhielt ich vom Werk eine Plakette mit Ehrenkranz für mein Auto, eine Urkunde für mein Wohnzimmer und eine wertvolle Armbanduhr für mein Handgelenk. Zudem entschlossen wir uns, am zweiten »Hunderttausender-Treffen« in Stuttgart 1954 teilzunehmen. Dies war ein bewegendes Ereignis im Kreis der »Langläufer«. Die Plakette von diesem Treffen überlebte als einziges Zeitzeugnis.

Suchscheinwerfer Marke Helphos an die Windschutzscheibe gesetzt, Rallyeplaketten auf die Kofferraumhaube montiert, Startnummer an die Tür geklebt und Radkappen entfernt – schon ist der Rallye-Käfer fertig. Die Rallyes (z.B. 500 km-Nachtorientierungsfahrt, Rund um Wildeshausen, Int. Roland Rallye, Rallye Hanseat) waren keine Kaffeefahrten. Trotz serienmäßiger Motorleistung führten manche Wettbewerbe über 1.000 Kilometer. Die Nacht wurde durchgefahren.

Mit jedem Jahr wurde der Käfer verbessert. Äußerlich erkennbar an den vergrößerten Front- und Heckscheiben, den zwei Auspuffrohren, einem aufgewerteten und verbesserten Innenraum. Aber auch die Motorleistung stieg von zunächst 25 PS auf 30 PS.

Das Verlangen nach einem leistungsfähigeren Auto wurde bei einem Arztbesuch geweckt. Ich las 1955 einen Testbericht in der Ärzte-Zeitung und beschloss, einen neuen Käfer zu kaufen. Ebenso wie sein Vorgänger, der immerhin 160.000 km auf dem Buckel hatte, sollte der neue VW am Wochenende auch bei Rallyes eingesetzt werden. Mit dem oft gepriesenen Volkswagen-Kundendienst und der bekannten Zuverlässigkeit wurde auch der zweite Käfer ein Auto, das uns einige Jahre begleitete.

BH 30-2105

METZELER

Auf der Internationalen Automobilausstellung (IAA) zeigen die Fahrzeughersteller das ganze Sortiment, die Neuerungen und Prototypen. Die IAA geht auf das Jahr 1897 zurück. Damals stellten vier Autofabriken ihre Erzeugnisse im Hotel Bristol in Berlin aus. Seit 1951 findet die IAA alle zwei Jahre in Frankfurt/M. statt.

Der Wirtschaftsaufschwung sorgte allgemein für wachsenden Wohlstand, und das Volkswagenwerk sollte privatisiert und in eine Aktiengesellschaft umgewandelt werden. Was aber waren Aktien? War das nicht ein riskantes Spiel für Reiche?

Auf meine offenen Fragen bekam ich bei meiner Sparkasse beruhigende Antworten. Bei einem erfolgreichen, soliden Unternehmen wie dem Werk in Wolfsburg bestände kein Risiko für mich. Nach erfolgreichen Geschäften mit Landwirten also nun der Sprung in die gehobene Gesellschaft als Miteigentümer des Volkswagenwerkes?

Am Wochenende werden Rallyes, Nachtorientierungs- und Zuverlässigkeitsfahrten absolviert, die verschiedene Automobilsport-Clubs in ganz Deutschland veranstalten.

Wir entschieden uns für ein kleines Aktienpaket, um auf der »sicheren Seite« zu bleiben. Neue Begriffe wie »Dividende« und »Aktionärsversammlung« erweiterten unseren Wortschatz, und ihre Bedeutung ließ unser Bankkonto, wenn auch gering, wachsen.

Aber jedes auch noch so gute Auto ist irgendwann am Ende. Nach zehn Jahren treuen Diensten hieß es Abschied nehmen. Das Angebot beim VW-Händler war vielfältiger geworden. Neben dem 1200 gab es eine stärkere und komfortablere VW 1300 Variante. Doch nach Hausbau, Aktienpaket und weiteren Investitionen entschlossen wir uns, den »alten« VW nach bestandener TÜV-Prüfung noch weitere zwei Jahre zu fahren.

HB-D 2860

GASOLIN
HB-D 2860

Häufig stellten die Autozeitschriften Mitte der 1960er-Jahre die Frage, ob der Käfer noch zeitgemäß sei. Für uns war 1967 das Urteil klar. Es kamen nur der VW 1500 oder der bewährte Käfer in Frage.

1970 brachte das VW-Werk den Käfer 1302 heraus: gründlich geändertes Äußeres und unter dem Blech ein neues Fahrwerk bei bewährtem luftgekühltem Motor. Das Ansehen des Käfers wandelte sich. Vom Wagen der gehobenen Mittelklasse wurde der Käfer zum Auto für alle. Im Käfer konnte man sich imagelos bewegen. So sah man den Rentner und den Studenten, die Hausfrau und die Ärztin, den Arbeiter und den Chef am Lenkrad des Käfers.

Lediglich im Rallyesport gab er noch eine besondere Figur ab. Mit dem 1302 und dem Nachfolger 1303 feierte Volkswagen noch beachtliche Erfolge. Herausragend war der gelb-schwarze Renner, der von VW-Porsche Salzburg auf 126 PS Leistung gesteigert wurde.

Das Cabrio galt schon seit Jahrzehnten als ein besonders edles Fahrzeug, und es hieß, dass Cabriolet-Fahrer besonders stolz auf sich bzw. ihr Auto wären.
Die offene Käferversion mit zwei Sitzen und zwei Notsitzen stellte die Karosseriefirma Hebmüller in den Jahren 1949 bis 1953 her. Der offene Viersitzer stammte von Karmann in Osnabrück und wurde von 1949 bis 1980 gebaut.
In der Bundesrepublik traten ab 1. Juli 1956 neue Kennzeichen-Vorschriften in Kraft. Die schwarzen Besatzungskennzeichen mussten den weißen Schildern mit schwarzer Schrift weichen (Umstellungsfrist bis 30. Juni 1958).

GASOLIN
GASOLIN
DIESEL
GASOLIN
GASOLIN
GASOLIN
GASOLIN
GASOLIN
GASOLIN
GASOLIN
GASOLIN
Rauchen verboten

GASOLIN
GASOLIN
GASOLIN

Mit der Präsentation des Nachfolgers »Golf« kam auch für uns der Abschied vom Käfer. Schade, ein Auto, das uns zwei Jahrzehnte begleitet hatte. Wir wollten uns aber bald einen Zweitwagen anschaffen. Hier stand die Wahl fest: Es musste wieder ein Käfer sein. Eines der Sondermodelle zur WM 1974 wurde geordert. Mit der Startautomatik und reichlich Benzindurst hatte der Käfer wenig vom Glanz vergangener Tage. Trotzdem waren wir traurig, als wir 1977 erfuhren, dass es keinen Käfer »Made in Germany« mehr geben würde.

Unseren Zweitwagen beutelten die rauen Anforderungen des Stadtverkehrs. Wir kauften 1981 nochmals einen neuen Käfer. Er war rot und stammte aus dem VW-Werk Pueblo/Mexiko.

So ganz konnten wir uns vom Käfer auch danach nicht lösen. Als Zweitwagen unserer Familie habe ich einen 1961er VW restauriert, den wir mit viel Freude meist am Wochenende bewegen.

Probierstube
Weine - Spirituosen
Galerie Koch
Schultheiss
Gaststätte
HH-NA 248

Der letzte Arbeitstag vor dem großen Urlaub. Der Wagen wird noch einmal gecheckt, und los geht es mit Freunden zum Camping in die Berge.

ES-RC 63

Fahrschule
SCHORP
84

WOB-V 682

WOB-V 682

WOB-V 682

Sommerurlaub 1960: Zwei flotte Käfer, zwei hübsche Bienen, zwei nette Burschen – und die hochwertige Campingausrüstung war auch dabei: 8-mm-Filmkamera, Hohner-Akkordeon, Metzeler-Gummiboot, Spiegelreflex-Kamera und ein geräumiges Steilwandzelt.

WOB V 682

Anzeige: Okrasa verspricht mehr Kraft.

1961: Der Käfer gehört zum Straßenbild.

Anfang der 1960er-Jahre: der Käfer in aller Welt.

S-NV 569

Der Käfer war aus dem Straßenbild der Bundesrepublik nicht wegzudenken. Souverän beherrschte er die Zulassungsstatistiken vor Opel, Lloyd, Ford, Mercedes, BMW usw. VW baute 1962 erstmalig über 1 Mio. Personenwagen. Neun Jahre später hatte sich die Fertigung verdoppelt: 1971 rollten über 2 Mio. Pkw und 280 000 Transporter von den Bändern. Mehr als die Hälfte der Produktion ging in den Export.

Für den Autoexport von Emden in die USA gründete VW eine Tochtergesellschaft, die eigene Transportschiffe in Dienst stellte. Das erste Schiff (Dyvi Atlantic) hatte eine Kapazität von 1350 Plätzen. Zwei größere Schiffe (2500 bzw. 2700 Plätze) ergänzten 1968 und 1970 die werkseigene Flotte.

»Das Nerven- und Gehirnzentrum einer beispielhaften Verkaufs- und Kundendienst-Organisation ist die ›Volkswagen of America Incorporation‹ in Englewood Cliffs auf New Jersey. Von hier aus werden die über die ganzen Vereinigten Staaten verstreuten 800 Volkswagenhändler betreut«.

Auf den amerikanischen Highways, dem Broadway oder auch vor dem Capitol in Washington machen sich die seit 1955 nach Amerika eingeführten eineinhalb Millionen Volkswagen sehr deutlich bemerkbar.

VW-Chef Nordhoff in einem Interview: »Für manche Leute mag der Volkswagen eine Legende sein, für uns ist er eine Realität. Mit transzendentalen Sachen wie Legende und Mythos ist das nicht zu erklären. Ja, ich glaube, unser Wagen bietet mehr für sein Geld, als man sonst bekommt.« (Berthold: Die mobilen Manager, München 1966)

GUTE FAHRT

Zeitschrift für den Volkswagenfahrer

8 1967

DM 1,50

Verlag Delius, Klasing + Co
Bielefeld · Stuttgart

Schweiz sfr 1,80; Italien L 300
Österreich öS 12,–; USA $ –,50
Schweden sKr 3,– inkl. oms
Dänemark dKr 4,–
Holland hfl 1,80; Frankreich fr 2,50
Printed in Germany

Rumänien

Schneller an die Adria: Die Felbertauernstraße

NEU BEI VW

Sicherheit ist Trumpf: Stoßaufnehmende Lenksäule • Zweikreisbremse • Sicherheitsschlösser • Drei Punkte für Sicherheitsgurte • Neuer Tank

Der Käfer mit markanteren Konturen: Neue Front- und Heckpartie, stärkere Stoßfänger, bessere Leuchten, 12 Volt, Frischbelüftung und viele Sicherheitsdetails zu altem Preis · Alle Neuerungen ab Seite 12

Trotz aller Detailverbesserungen hatte die Käferkonstruktion mittlerweile über 30 Jahre auf dem Buckel. Trotzdem hielt man in Wolfsburg an der Konzeption fest und steckte die hohen Gewinne in Fertigungsrationalisierungen, in den Ausbau des Händlernetzes und in die Weiterentwicklung des Wagens, wohl wissend, dass hohe Stückzahlen zu niedrigen Verkaufspreisen das Lebenselexier des Krabbeltiers waren.

auf 3000 m
VW 1500
D
NT
AA 146

ES-DT 754

ES-DT 754

GUTE FAHRT 9

1970

DM 1,80

Verlag Delius, Klasing + Co
Bielefeld · Stuttgart

Schweiz sfr 2,–
Italien L 320; USA $ –,50
Österreich öS 13,–
Luxemburg lfr 26,–
Belgien bfr 26,–
Printed in Germany

K 70
TECHNIK PUR

Volkswagen sparsam fahren:
6 Liter auf 100

FAHR-BERICHT: Der neue Käfer

1970: Auch der neue Käfer 1302 wird zu einem Wagen für jedermann. Ein bestimmtes Image, wie andere Marken es haben (Audi, BMW, Ford, Mercedes, Opel), wird mit dem Käfer nicht verbunden. Man vermutet in ihm Studienräte und Hausfrauen, Betriebsräte und Pfarrer, Firmenchefs und Studenten. Vermutlich war das ein Geheimnis des großen Erfolgs, den die Wolfsburger mit ihrem Auto in der westlichen Welt hatten.

POLIZEI
DT
3111

HB DV 740
HB
MM 439
HB PK 613

1302 mit erweitertem Platzangebot und 50 PS in der S-Ausführung.

1302: größere Reisen ...

... durch mehr Ladevolumen im Kofferraum.

Bessere Straßenlage durch eine neue Vorderachse mit Federbeinen und Stabilisator.

*Umfangreiche VW-Palette 1971:
K 70, 411 Variant, 411 Limousine,
1600 Variant, 1600 TL, 1600 Stufenheck, Käfer 1302.*

Things you never knew about the Beetle. (And all the other Volkswagens.)

Ist der Käfer noch zeitgemäß? Provokantes Titelbild des Nachrichtenmagazins »Der Spiegel« (rechts).

Alle Neuerungen auf einen Blick (rechte Seite).

Mehr Luft für den Motor durch mehr Schlitze in der Heckhaube.

60
100
120
140
160
20
km/h

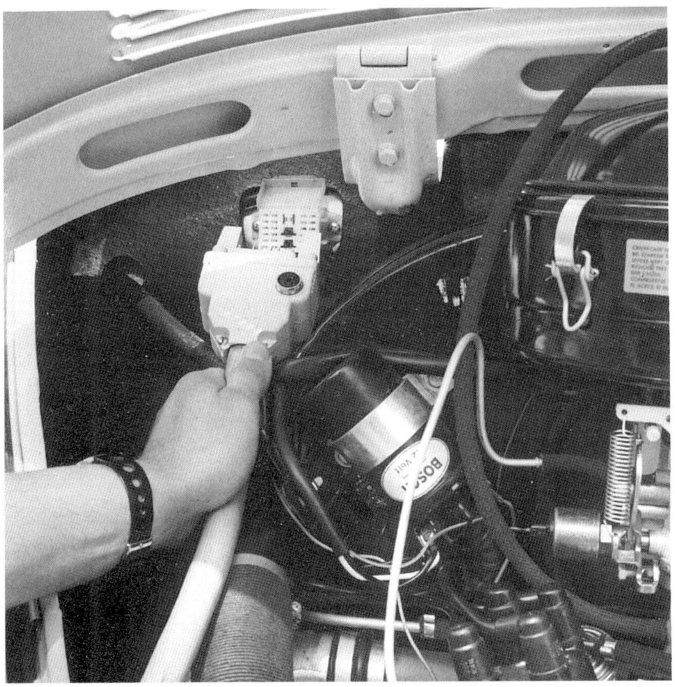
BOSCH

Trotz vergrößerter Modellpalette musste das VW-Werk mit dem Vorwurf leben, dass der Käfer konzeptionell völlig überaltert wäre und dass Anfang der 1970er-Jahre weit und breit kein Nachfolger für den »Millionen-Seller« in Sicht sei. Im Mai 1974 stellte man dann einen Kronprinzen vor, den VW Golf.

Die Entwicklung vom Dreispeichenlenkrad (eingebaut bis 1966 im Standard-Käfer) über das Rad mit der versenkten Nabe und Hupenring (ab 1959 im Export-Modell) bis zum Sicherheitslenkrad (ab 1971) mit großem Pralltopf.

»... und das ist unser Entwicklungschef.«

Sportgerät mit 126 PS (unten).

HB-JE 398

TOTAL
SHELL
DUNLOP
WOB-V 683

HB-MM 439

BB-CA 683
NT
AE 121

HB
JE 398

August 1972: der letzte große Wurf – VW 1303.

Mit dem 1303 gab VW typische Käfermerkmale auf. Das bisherige funktionale Armaturenbrett musste einem aus Sicherheitsgründen aufgeschäumten Exemplar weichen. Die Windschutzscheibe hatte eine gewölbte Form erhalten, und die bisherigen eleganten Rücklichter ersetzten die Wolfsburger durch »Elefantenfüße«.

Im Januar 1973 testen Motorjournalisten die winterlichen Qualitäten des VW 1303.

...und die sind nicht schlecht, weil der Heckmotor die Antriebsachse optimal belastet. Die ab dem Modell 1302 verwendete neue Vorderachse verbessert die Straßenlage bei allen Witterungsverhältnissen.

Interieur des 1303.

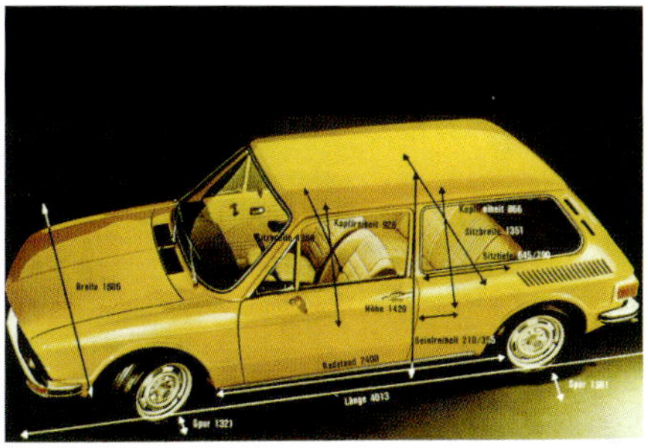

Spekulationen des Technikmagazins »hobby« um den Käfer-Nachfolger.

Kann der 1303 noch die Zähne zeigen?

Das Geschenk von VW zur Fußball-WM 1974.

Der Käfer ist Stückzahlen-Weltmeister und hat den bisherigen Rekordhalter, das US-amerikanische Ford T-Modell (Bauzeit 1908 bis 1927), überrundet.

So konnte Freizeit in den 1970er-Jahren aussehen: Ein gut bestückter Schrottplatz (dessen Wracks heute Tausende wert wären) und zwei der Karosserie entledigte Käfer waren die Voraussetzung für spannende Geländerennen. Als Tank diente ein Plastik-Kanister oder ein mit Draht befestigter Fiat 500-Tank. Die extreme Spurverbreiterung entstand durch das Montieren der Felgenaußenseite direkt auf der Bremstrommel, und die Bodenfreiheit erhöhte sich durch das geringere Gewicht. Manchmal ging es mit mehr als 100 Sachen über die am Wochenende verwaisten Truppenübungsplätze.

So viel Spaß diese ungezwungenen Geländerennen auch machten, sie waren doch sehr gefährlich. Kein Überrollkäfig, keine Gurte, keine Sicherheitslenksäule, offen laufende Räder, provisorisch befestigte Tanks usw. Ein Wunder, dass es damals bei ein paar verlorenen Schneidezähnen blieb.

Der Käfer konkurrenzlos oder am Ende?

Die Käfer-Sonderausgaben aus Mexiko.

Der letzte Käfer.

Kein Auto auf der Welt ist so bekannt wie der Käfer. Er kennt keine Klassenunterschiede, er ist kein Statussymbol. Seit 50 Jahren sieht der Käfer unverkennbar wie ein Käfer aus. Ein halbes Jahrhundert wurde er gebaut, fast 21millionenmal verkauft. Einsame Weltrekorde in der Geschichte des Automobils.

Jetzt gibt's ein Happy-End. Der Käfer verabschiedet sich von seinem Millionen-Publikum. Mit den letzten 2.400 Exemplaren seiner Art. Exclusiv und sportlich ausgestattet, wie Sie hier selbst nachlesen können.

Zwar verschwindet der Käfer aus unseren Volkswagen-Prospekten und aus dem Schauraum der V.A.G Partner. Aber auf unseren Straßen wird er weiter fahren. Noch ein ganzes Weilchen.

1985

Die VW 1200. Sparen und Fahren.

Zum Schluß noch mal ganz fein gemacht.

Wer vom Käfer nicht los kam, konnte sich 1995 im Supermarkt für umgerechnet 8.500 Euro einen nagelneuen VW aus mexikanischer Produktion kaufen.

Nur kurze Zeit: die »Wirtschafts-Wunder-Wochen«.

Im heutigen Straßenverkehr ist der Käfer nur noch vereinzelt zu finden. Und wenn die Krabbeltiere mit ihrem typischen Motorsound vorbeifahren, verfolgt sie so mancher wehmütige Blick.

HB KA 510

CUX
EJ 155

HB AY 287

Besonderer Beliebtheit erfreut sich nach wie vor die offene Version des Käfers, weil es eines der wenigen 4-sitzigen Cabriolets ist, die es heute noch gibt und die heute noch fahrbar sind.

Heute werden sie gepflegt, und nur bei gutem Wetter sind sie auf den Straßen zu sehen – die wahren Käfer-Oldtimer. Dank der liebevollen Zuwendung ihrer Besitzer sorgen sie heute für Aufsehen, wenn sie im Alltagsverkehr auftauchen. Nur wenige haben überlebt und sind heute der Stolz ihrer Eigentümer.

HB-DD 101

… und wenn sie nicht auf dem Schrottplatz gelandet sind oder als Oldtimer überlebten, so dienen sie gelegentlich sogar als Denkmal.

Am 30. Juli 2003 lief der letzte VW Käfer nach 69-jähriger Produktionszeit in Puebla/Mexiko vom Band. Dieser 21.529.464. Käfer, ein 1600er mit 46 PS, wird nach Wolfsburg gebracht und im Volkswagen-Museum ausgestellt.

Fotonachweis

Heinrich Biederbick, Brilon 310

Paul Botzenhardt, Plochingen (Bildarchiv Peter Kurze) 5, 22, 24 oben, 25 unten rechts, 34 oben, 35 unten, 35 oben rechts, 36, 38 oben links, 39, 41 unten, 42, 43 oben, 45 oben rechts, 53, 54, 55, 56, 57, 58, 59, 60, 61, 62, 63, 66, 67, 69 oben, 70, 71 unten, 74, 75, 76, 90 oben rechts, 90 unten links, 92, 93

Gute Fahrt – Delius Klasing Verlag, Bielefeld 16–18, 72, 77

Dodenhoff, Worpswede (AKG Images Berlin) Titel, 47, 48, 49, 50, 51

Archiv Rudi Heppe 89 unten, 95 unten, 99

Ralf D. Iwitzki, Bremen 97, 98 oben links

Eva Janssen-Weinberg, Berlin (Bildarchiv Peter Kurze) 29 oben links, 29 unten, 33 links

Albert Joch, Assinghausen 11 oben, 38 oben rechts

Michael Jochheim, Thülen 107

Peter Kurze, Bremen 79 unten, 89 oben, 90 oben links, 90 Mitte links, 90 Mitte rechts, 90 unten rechts, 91 oben, 98 oben rechts, 98 unten rechts, 104, 105, 106, 108, 109, 110, 111

Wilhelm Kurze, Bremen 14 oben, 19 unten, 23 oben, 24 unten, 27, 28, 34 unten, 35 oben links, 37, 38 unten links, 38 unten rechts, 40, 41 oben links, 41 oben rechts, 43 unten, 45 oben links, 45 unten

Pressefoto-Lutz, Erfurt (Bildarchiv Peter Kurze) 25 unten links, 29 oben rechts

Hans Maletz, Wilhelmshaven (Bildarchiv Peter Kurze) 25 oben links, 46 unten, 64 unten, 65 oben links, 65 unten links, 69 unten, 71 oben rechts, 73 oben, 78 oben

Gerhart Schammelt, Bremen (Bildarchiv Peter Kurze) 14 unten, 21 oben, 23 unten, 68, 71 oben links

Peter Sommer, Altenbüren 13 oben

Bernhard Völker, Stuttgart 10 oben

Volkswagenwerk AG Wolfsburg 7, 8, 9, 10 unten, 11 unten, 12, 13 unten, 15, 19 oben, 20, 21 unten, 30, 31 unten, 33 rechts, 44, 64 oben, 65 oben rechts, 65 unten rechts, 73 unten, 78, 80, 81, 82, 83, 84, 85, 86, 87, 88, 91 unten, 94, 95 oben, 96, 100, 101

Dipl.-Ing. Reinhold Witteler, Nehden 52 unten

Trotz aller Recherchen ist es nicht gelungen, die Rechte an allen Bildern zu klären. Rechteinhaber werden gebeten, sich beim Verlag zu melden.